Kwalar Ngwani

Medição da constante de Planck com base na teoria da radiação de Planck

Kwalar Ngwani

Medição da constante de Planck com base na teoria da radiação de Planck

ScienciaScripts

Imprint

Cover image: www.ingimage.com

This book is a translation from the original published under ISBN 978-3-659-75984-0.

Publisher:
Sciencia Scripts
is a trademark of
Dodo Books Indian Ocean Ltd. and OmniScriptum S.R.L publishing group

120 High Road, East Finchley, London, N2 9ED, United Kingdom
Str. Armeneasca 28/1, office 1, Chisinau MD-2012, Republic of Moldova, Europe
Printed at: see last page
ISBN: 978-620-8-02756-8

RESUMO

A medição da constante de Planck efectuada neste trabalho baseia-se na hipótese de que a potência eléctrica dissipada pelo filamento que emite luz se apresenta inteiramente sob a forma de radiação e que o filamento de tungsténio da lâmpada é um corpo negro perfeito. Foi utilizado um filtro ótico com uma frequência fixa para medir a intensidade luminosa emitida numa gama estreita de frequências do fototransístor, primeiro numa sala escura (sala de laboratório escurecida) e depois na sala seguinte, em vez de escurecer a sala de laboratório, foi utilizado um tubo de cloreto de polivinilo (PVC) (escurecido no interior com tinta preta) para conduzir a luz produzida pela lâmpada para o detetor de intensidade e evitar assim qualquer fonte de radiação. A intensidade da iluminação, que é análoga à intensidade da radiação, foi deduzida da lei da radiação de Planck e foi assim estabelecida uma relação entre a intensidade da iluminação (ou da radiação). Utilizou-se uma lei de potência e uma relação empírica R - T para calcular as temperaturas correspondentes a diferentes resistências do filamento à medida que se variava a tensão. Assumiu-se que a fotocorrente era proporcional à intensidade da radiação e utilizou-se um ajuste de regressão linear aos dados para determinar a constante de Planck h para os dois casos considerados neste trabalho. A constante de Planck h, assim obtida no caso da câmara escura, é de 5,1227 x 10^{-34} Js com uma precisão percentual de 13%, enquanto no segundo caso, em que foi utilizado um tubo de PVC, é de 7,2658 x 10^{-34} Js com uma precisão percentual de 6% em condições laboratoriais.

Palavras-chave: Constante de Planck, corpo negro perfeito, radiação, intensidade de radiação, fototransistor, câmara escura, tubo de cloreto de polivinilo (PVC), lei da potência, fotocorrente, intensidade de radiação

ÍNDICE DE CONTEÚDOS:

CAPÍTULO 1

1.0 ANTECEDENTES E OBJECTIVO DO ESTUDO

1.1 A ORIGEM DA CONSTANTE DE PLANCK

Tem-se dito frequentemente que a constante de Planck resultou no aparecimento da descontinuidade na matéria. Na verdade, a descont inuidade descoberta pelo físico alemão Max Planck não afecta a matéria, mas sim as interações e as forças (Tannoudji, 1991).

A quantização de grandezas físicas como a energia e o momento angular, as propriedades das partículas da radiação e das partículas ondulatórias da matéria, etc., estão diretamente relacionadas com a existência de uma constante universal designada por constante de Planck (Bransden e Joachain, 2000).

Tal como a velocidade, C, da luz desempenha um papel central na relatividade, o mesmo acontece com a constante de Planck na Física Quântica. A formulação da lei da radiação do corpo negro é o problema que levou ao nascimento da Física Quântica.

As medições experimentais da luz emitida pela radiação do corpo negro não correspondiam às previsões feitas pela teoria.

Em 1900, Max Planck descobriu que poderia encaixar as medições experimentais e a teoria, assumindo que as moléculas vibratórias que emitiam a luz só podiam ter uma quantidade fixa de energia.

Em vez de a energia existir através de uma gama contínua de quantidades, Planck descobriu que as moléculas vibratórias só podiam ter energia em quantidades discretas de energia ou quanta.

Assim, ele desenvolveu o conceito de quantização da energia, ou seja, as moléculas envolvidas na radiação do corpo negro vibram com energia quantizada, E, de acordo com a relação $E = nhu$; onde n é um número inteiro positivo, u é a freqüência (Hz) de vibração das moléculas, e h é a constante de proporcionalidade conhecida como constante de Planck Tillery, 1991).

Max Planck, o fundador da teoria quântica, ficou gravemente chocado com a sua própria descoberta de que a energia não era infinitamente divisível, mas que só podia ser transferida em 'quanta' discretos (Ziman, 1991). A sua descoberta de estados de energia quantizados foi um desenvolvimento radicalmente revolucionário e a maioria dos cientistas, incluindo ele próprio, não acreditou nisso na altura. Ele gastou tempo e esforço a tentar refutar a sua própria descoberta, que viria a revolucionar a Física (Tillery, 1991).

1.2 DIFINIÇÕES DE ALGUNS TERMOS

1.2.1 Constante de Planck: É uma constante física fundamental conhecida como o quantum elementar de ação. Por outras palavras, é a relação entre a energia de um fotão e a sua frequência (Parker, 1984).

1.2.2 Lei da Radiação de Planck: Esta é uma lei fundamental da teoria quântica que afirma que a energia associada à radiação electromagnética é emitida ou absorvida em quantidades discretas que são proporcionais à frequência da radiação (Parker, 1984).

1.2.3 Radiação: Esta é uma das muitas formas de transferência de calor que ocorre devido a uma diferença de temperatura. As outras formas de transferência de calor são a convecção e a condução.

A radiação envolve a forma de energia chamada energia radiante, ou seja, energia que se move através do espaço. A energia radiante inclui a luz visível, o calor, etc. Todos os objectos acima do zero absoluto emitem energia radiante. A temperatura absoluta do objeto determina a taxa, a intensidade e o tipo de energia radiante emitida.

A luz visível é emitida se um objeto for aquecido a uma determinada temperatura. Um elemento de aquecimento não produz luz visível a baixas temperaturas, mas sente-se calor quando se aproxima a mão do elemento. A mão absorve a energia radiante não visível emitida pelo elemento (Tillery, 1991).

1.3 RADIAÇÃO DE CORPO NEGRO.

A superfície de um corpo quente emite energia sob a forma de radiação electromagnética. Esta emissão ocorre a qualquer temperatura superior ao zero absoluto, estando a radiação emitida continuamente distribuída por comprimentos de onda.

A distribuição em comprimentos de onda ou distribuição espetral depende da temperatura. A baixa temperatura (inferior a 500^0 C), a maior parte da energia emitida é convertida em comprimentos de onda relativamente longos, como os correspondentes à radiação infravermelha. À medida que a temperatura aumenta, uma grande fração da energia é irradiada em comprimentos de onda mais baixos. A potência total (energia por unidade de tempo) da radiação também aumenta à medida que o corpo se torna mais quente.

Quando a radiação incide sobre a superfície de um corpo, parte dela é reflectida e parte é absorvida. Por exemplo, os corpos escuros absorvem a maior parte da radiação que incide sobre eles, enquanto os corpos de cor clara reflectem a maior parte. O coeficiente de absorção da superfície de um corpo num determinado comprimento de onda é definido como a fração da energia radiante, incidente na superfície, que é absorvida nesse comprimento de onda. Se um corpo estiver em equilíbrio térmico com o meio envolvente e, portanto, a uma temperatura constante, deve emitir e absorver a mesma quantidade de energia radiante por unidade de tempo. A radiação emitida ou absorvida nestas circunstâncias é conhecida como **radiação térmica.**

Um corpo **negro** é um corpo que absorve toda a energia radiante que incide sobre ele. Por outras palavras, o seu coeficiente de absorção é igual à unidade em todos os comprimentos de onda.

A radiação térmica absorvida ou emitida por um corpo negro é designada por **radiação de corpo negro. A lei de Kirchhoff** estabelece que, para qualquer comprimento de onda, o rácio entre a potência emissiva ou a emitância espetral (definida como a potência emitida por unidade de área num determinado comprimento de onda) e o coeficiente de absorção é o mesmo para todos os corpos à mesma temperatura e é igual à potência emissiva do corpo negro a essa temperatura. Uma vez que o valor máximo do coeficiente de absorção é a unidade e corresponde a um corpo negro, decorre da lei de Kirchhoffs que o corpo negro é não só o emissor mais eficiente, mas também o absorvedor mais eficiente de energia electromagnética.

Um corpo negro perfeito é uma idealização, mas pode ser aproximado da seguinte forma. Considere-se uma cavidade mantida a uma temperatura constante, cujas paredes interiores são enegrecidas e ligadas ao exterior por um orifício, representado esquematicamente na Figura 1.1.

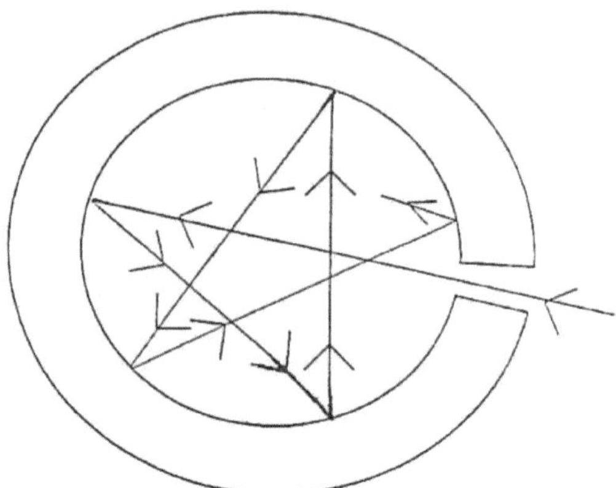

Fig. 1.1: Uma aproximação a um corpo negro

Para um observador exterior, um pequeno orifício feito na parede de uma cavidade deste tipo comporta-se como uma superfície de corpo negro. A razão é que qualquer radiação incidente do exterior sobre um orifício passará através dele e será quase completamente absorvida em reflexões múltiplas no interior da cavidade, de modo que o orifício tem um coeficiente de absorção efetivo próximo da unidade. Uma vez que a cavidade está em equilíbrio térmico, a radiação no seu interior e a que escapa pela pequena abertura podem assim ser identificadas com a radiação térmica de um corpo negro. Note-se que o buraco só parece negro a baixas temperaturas, onde a maior parte da energia é emitida em comprimentos de onda superiores aos correspondentes à luz visível.

Especificamos o espetro da radiação do corpo negro no interior da cavidade em termos de uma quantidade $\rho(\lambda, T)$ que é designada por função de distribuição espetral (comprimento de onda) ou densidade de energia monocromática (comprimento de onda). É definida de modo que $\rho(\lambda, T)d\lambda$ é a densidade de energia (ou seja, a energia por unidade de volume) da radiação no intervalo de comprimento de onda $(\lambda, \lambda + d\lambda)$ à temperatura absoluta, T.

Wien, Lord Raleigh e J. Jeans derivaram uma função de distribuição espetral $\rho(\lambda, T)$ das leis da Física clássica da seguinte forma.

i. Em primeiro lugar, a partir da teoria electromagnética, conclui-se que a radiação térmica no interior de uma cavidade deve existir sob a forma de ondas electromagnéticas estacionárias.

ii. O número de tais ondas ou o número de modos de oscilação do campo eletromagnético na cavidade por unidade de volume, com comprimentos de onda dentro do intervalo λ a (λ + dλ) pode ser mostrado como sendo ($8\pi/\lambda^4$)dλ, de modo que $n(\lambda) = 8\pi/\lambda^4$ é o número de modos por unidade de volume e por unidade de comprimento de onda.

iii. Este número é independente do tamanho e da forma de uma cavidade suficientemente grande. Agora, se E é a energia média no modo com comprimento de onda λ, a função de distribuição espetral ρ(λ, T) é simplesmente o produto de n(λ) e E, e portanto pode ser escrita como

$$\rho(\lambda,T) = \frac{8\pi}{\lambda^4}\overline{E} \qquad 1.1$$

1.4 A TEORIA QUÂNTICA DE PLANCK.

Em dezembro de 1900, Max Planck apresentou uma nova forma de distribuição espetral da radiação de corpo negro baseada numa hipótese revolucionária. Postulou que a energia de um oscilador de uma dada frequência, u, não pode assumir valores arbitrários entre zero e infinito, mas só pode assumir os valores discretos nE0, em que n é um número inteiro positivo ou zero e E0 é uma quantidade finita ou um quantum de energia, que pode depender da frequência, υ. Neste caso, a energia média E de um conjunto de oscilações de frequência υ, em equilíbrio térmico, é dada por

$$\overline{E} = \frac{\sum_{n=0}^{\infty} nE_0 \exp(-\beta nE_0)}{\sum_{n=0}^{\infty} \exp(-\beta nE_0)}$$

$$= \frac{-d}{d\beta}\left[\log \sum_{n=0}^{\infty} \exp(-\beta nE_0)\right]$$

Utilizando o teorema da expansão binomial;

$$\overline{E} = \frac{-d}{d\beta}\left[\log\left\{\frac{1}{1-\exp(-\beta E_0)}\right\}\right]$$

$$= \frac{E_0}{\exp(\beta E_0)-1} \qquad 1.2$$

(em que β = 1/KT), assumindo, como Planck, que o fator de distribuição de probabilidade de Boltzmann ainda pode ser utilizado. Substituindo E na equação (1.1) obtém-se

$$\rho(\lambda,T)=\frac{8\pi}{\lambda^4}\frac{E_0}{\exp(E_0/KT)-1} \qquad 1.3$$

E_0 é considerado proporcional à frequência, u, a partir da equação;

$$E_0 = h\upsilon = hC/\lambda \qquad 1.4$$

Substituindo E_0 na equação (1.3), a lei de distribuição espetral para ρ(λ, T) é assim dada por

$$\rho(\lambda,T)=\frac{8\pi hC}{\lambda^5}\frac{1}{\exp(hC/\lambda KT)-1} \qquad 1.5$$

A equação (1.5) é conhecida como a lei da radiação de Planck (Bransden e Joachain, 2000).

1.5 A RADIAÇÃO CÓSMICA DE 3K DO CORPO NEGRO.

Em 1964, A. A. Penzias e R. W. Wilson, utilizando um radiotelescópio, detectaram, a um comprimento de onda λ = 7,35 cm, um "ruído" rádio isotrópico de origem cósmica, cuja intensidade correspondia a uma temperatura efectiva de cerca de 3K (Brizuela e Juan, 1996 e Tillery, 1991). Este "ruído" foi logo interpretado como sendo devido à radiação de corpo negro a uma temperatura absoluta de cerca de 3K, que preenche uniformemente o universo e que, por conseguinte, incide sobre a Terra com igual intensidade em todas as direcções. As medições da intensidade desta radiação noutros comprimentos de onda confirmaram que a sua distribuição espetral é dada pela lei da radiação de Planck, tal como representada na equação (1.5), para uma temperatura de cerca de 3K (Bransden e Joachain, 2000).

1.6 RADIAÇÃO E ABSORÇÃO

Enquanto um corpo à temperatura absoluta T está a irradiar, a sua envolvente à temperatura Ts também está a irradiar e o corpo absorve alguma dessa radiação. Se estiver em equilíbrio térmico com o meio envolvente, T = Ts e as taxas de radiação e de absorção devem ser iguais. Para que isto seja verdade, a taxa de absorção H, deve ser dada, em geral, por

$$H = Ae\sigma T_s^4 \qquad 1.6$$

Em que A é a área da superfície do corpo, σ é uma constante física fundamental designada por constante de Stefan-Boltzmann e e é a emissividade da superfície do corpo, que representa o rácio entre a taxa de radiação de uma determinada superfície e a taxa de radiação de uma área igual de uma superfície radiante ideal à mesma temperatura. Então, a taxa líquida de radiação de um corpo à temperatura T com o meio envolvente à temperatura Ts é

$$H_{net} = Ae\sigma T^4 - Ae\sigma T_s^4 = Ae\sigma(T^4 - T_s^4) \qquad 1.7$$

Nesta equação, um valor positivo de H significa um fluxo líquido de calor para fora do corpo. A equação (1.7) mostra que, para a radiação, tal como para a condução e a convecção, a corrente de calor depende da diferença de temperatura entre dois corpos (Young, Freeman e Ford, 2010).

1.7 APLICAÇÃO DE RADIAÇÕES

A transferência de calor por radiação é importante em locais surpreendentes. Um bebé prematuro numa incubadora pode ser perigosamente arrefecido por radiação se as paredes da incubadora estiverem frias, mesmo que o ar na incubadora esteja quente. Algumas incubadoras regulam a temperatura do ar medindo a temperatura da pele do bebé.

Um corpo que é um bom absorvente deve ser também um bom emissor. Um radiador ideal, com uma emissividade de unidade, é também um absorvente ideal, absorvendo toda a radiação que o atinge. Uma superfície ideal deste tipo é designada por corpo negro ideal ou simplesmente corpo negro. Por outro lado, um refletor ideal, que não absorve qualquer radiação, é também um radiador muito ineficaz.

Esta é a razão para os revestimentos de prata nas garrafas ou frascos de vácuo ("thermos") inventados por Sir James Dewar (1842-1923). Uma garrafa de vácuo tem paredes duplas de vidro. O ar é bombeado para fora dos espaços entre as paredes, o que elimina quase toda a transferência de calor por condução. O revestimento prateado das paredes reflecte a maior parte da radiação do conteúdo de volta para o recipiente, e a própria parede é um emissor muito fraco. Assim, uma garrafa de vácuo pode manter o café ou a sopa quentes durante várias horas. O frasco de Dewar, utilizado para armazenar gases liquefeitos muito frios, tem exatamente o mesmo princípio. (Young, Freeman e Ford, 2010).

1.8 OBJECTIVO DO TRABALHO DE INVESTIGAÇÃO.

Este estudo procura melhorar o método de medição da constante de Planck baseado na lei da radiação de Planck, com o objetivo de obter um melhor resultado em condições laboratoriais. Constata-se que a determinação da constante de Planck em condições laboratoriais não é familiar à maioria dos estudantes de Física. No Departamento de Física desta Universidade, em particular, não foi efectuado qualquer trabalho sobre a determinação da constante de Planck em condições laboratoriais.

Antes do início deste trabalho, foi feita uma tentativa de estimar o valor da constante de Planck a partir de medições da emissão foto-eléctrica, em que eram necessários uma lâmpada, filtros monocromáticos e uma fotocélula de vácuo foto-emissiva (Tyler, 1977). No entanto, a experiência não foi viável porque requer um aparelho ou dispositivo de frequência variável que não está disponível no laboratório. Por conseguinte, não foi possível obter a constante de Planck. Brizuela e Juan (1996), por outro lado, utilizaram uma lâmpada eléctrica para determinar a constante de Planck. Brizuela e Juan utilizaram um tubo de cartão enegrecido para instalar a lâmpada e o detetor de intensidade, de modo a evitar qualquer outra fonte de radiação. O valor da constante de Planck que obtiveram foi $4,71 \times 10^{34}$ Js. Este não é o melhor resultado que se pode obter. No entanto, neste trabalho, a medição foi efectuada tanto no quarto escuro como à luz do dia, utilizando um tubo de PVC escurecido com tinta preta no interior para evitar outras fontes de luz.

CAPÍTULO 2

2.0 CONTEXTO TEÓRICO

2.1 INTRODUÇÃO

No primeiro capítulo, foram abordados alguns princípios relacionados, informações úteis e conceitos subjacentes a este estudo. Foi também referido que o estudo tem por objetivo melhorar o trabalho laboratorial de medição da constante de Planck utilizando o fototransístor em condições laboratoriais. Neste capítulo, procura-se explicar melhor os conceitos introduzidos no primeiro capítulo com base, nomeadamente, na teoria subjacente à experiência. Isto leva-nos a obter os coeficientes de Einstein. Para o efeito, a discussão neste capítulo centrar-se-á no seguinte: a emissão e a absorção de radiação, as probabilidades de transição de Einstein. Isto levar-nos-á certamente à lei da radiação de Planck, da qual deduziremos uma relação entre a intensidade da iluminação (ou radiação) e, consequentemente, a constante de Planck (Jewett e Serway, 2005).

2.2 A EMISSÃO E A ABSORÇÃO DE RADIAÇÕES

O desenvolvimento da teoria quântica da emissão espontânea requer uma descrição do campo eletromagnético em termos dos seus quanta, os fotões. Neste capítulo, utiliza-se um método desenvolvido por Einstein em 1916, antes do advento da Mecânica Quântica, que relaciona a taxa de transição da emissão espontânea com as taxas de absorção e de emissão estimulada ou induzida (Bransden e Joachain, 2000).

Na medida em que ainda não foi desenvolvida uma teoria mecânica quântica completamente satisfatória dos sistemas que contêm radiação e matéria, temos de basear a nossa discussão sobre a emissão e absorção de radiação por átomos e/ou moléculas num método aproximado de tratamento, recorrendo à teoria electromagnética clássica como ajuda. O tratamento mais satisfatório deste tipo é o de Dirac, que conduz diretamente à fórmula da emissão espontânea, bem como da absorção e da emissão induzida de radiação. No entanto, devido à complexidade desta teoria, apresentaremos uma mais simples, na qual apenas a absorção e a emissão induzida são tratadas, precedendo-a de uma discussão geral dos coeficientes de Einstein de emissão e absorção de radiação, a fim de mostrar a relação que a emissão espontânea tem com os outros dois fenómenos (Pauling e Wilson, 1935).

2.3 AS PROBABILIDADES DE TRANSIÇÃO DE EINSTEIN.

De acordo com a teoria electromagnética clássica, um sistema de partículas aceleradas eletricamente carregadas emite energia radiante. Num banho de radiação à temperatura T, também absorve energia radiante, sendo as taxas de absorção e emissão dadas pelas leis clássicas. É de esperar que estes processos opostos conduzam a um estado de equilíbrio. O seguinte tratamento do problema correspondente para sistemas quantizados (de átomos ou moléculas) foi dado por Einstein em 1916, como mencionado anteriormente (Pauling e Wilson, 1935).

Considere-se um recinto que contém átomos (de um único tipo) e radiação em equilíbrio térmico a uma temperatura absoluta, T. Sejam a, e b, dois estados atómicos de energias E_a e Eb respetivamente, com E_a < Eb, em que a, é um estado com menor energia e, b, é um estado com maior energia. Assume-se que os estados a e b são não-degenerados (Bransden e Joachain, 2000). Por não-degenerado entende-se um sistema para o qual o número de estados quânticos gi é igual a um, ou seja, cada nível de energia só pode ser atingido de uma forma (Kittle e Kroemer, 1980). A transição de um estado é sempre acompanhada pela emissão ou absorção de energia radiana. De acordo com a regra da frequência de Bohr, o número de átomos por unidade de tempo, N_{ba} , que efectua uma transição de a para b absorvendo radiação de frequência υ, é dado por

$$\upsilon = \upsilon_{ba} = \frac{(E_b - E_a)}{h} \qquad 2.1$$

Onde h, a constante de Planck, é proporcional ao número total, N_a, de átomos no estado, a, e também à densidade de energia da radiação por unidade de frequência ρ($t{>}_{ba}$) (Pauling e Wilson, 1935). Assim, temos

$$N_{ba} = B_{ba} N_{ap}(\upsilon_{ba}) \qquad 2.2$$

Onde Bba, é chamado de coeficiente de absorção de Einstein (Bransden e Joachain, 2000). A probabilidade de absorção da radiação é assim assumida como sendo proporcional à densidade da radiação.

Por outro lado, é necessário postular que a probabilidade de emissão é a soma de duas partes; uma das quais é independente da densidade de radiação e a outra proporcional a ela. Note-se, no entanto, que este postulado é análogo à teoria clássica, segundo a qual um oscilador que interage com uma onda electromagnética pode absorver energia do campo ou perder energia para ele, dependendo das fases relativas do oscilador e da onda (Pauling e Wilson, 1935).

Assumimos, portanto, que o número de átomos que fazem a transição do estado, b, para o estado, a, por unidade de tempo é independente da densidade de radiação, ρ, considerando uma parte, e o número de transições estimuladas (ou induzidas) por unidade de tempo é proporcional à densidade de radiação, ρ, considerando outra parte. Assim

$$N_{ab} = A_{ab}N_b + B_{ab}N_b\rho(\upsilon_{ba}) \qquad 2.3$$

Em que Aab é o coeficiente de Einstein para a emissão espontânea e Bab é o coeficiente de Einstein para a emissão estimulada ou induzida.

A emissão estimulada ou induzida corresponde a uma transição em que o átomo perde energia de modo que$E_b < E_a$ e$\upsilon \approx -\upsilon_{ba} \approx (E_a - E_b)/h$. Note-se que, sob o mesmo campo de radiação, o número de transições por segundo que excita um átomo do estado a para o estado b é o mesmo que o número de transições que o desexcitam do estado b para o estado a. O princípio termodinâmico do equilíbrio detalhado N_{ba} estabelece que, num recinto que contém átomos e radiação em equilíbrio, a taxa de transição de a para b, N_{ba} , é a mesma que a de b para a, N_{ab} , em que a e b são quaisquer pares de estados.

Uma vez que, no equilíbrio, $N_{ba} = N_{ab}$, igualamos as equações (2.2) e (2.3) para obter

$$B_{ba}N_a\rho(\upsilon_{ba}) = A_{ab}N_b + B_{ab}N_b\rho(\upsilon_{ba})$$
$$= N_b\left[A_{ab} + B_{ab}\rho(\upsilon_{ba})\right]$$

$$\Rightarrow \frac{N_a}{N_b} = \frac{A_{ab} + B_{ab}\rho(\upsilon_{ba})}{B_{ba}\rho(\upsilon_{ba})} \qquad 2.4$$

A partir de um resultado padrão em termodinâmica (Holman, 1988), sabe-se que, em equilíbrio térmico, a relação Na/Nb é dada por

$$\frac{N_a}{N_b} = \exp\{-(E_a - E_b)/KT\} \qquad 2.5$$

Da equação (1.1)

$$E_b - E_a = h\upsilon_{ba}$$

$$\Rightarrow E_a - E_b = -h\upsilon_{ba}$$

Substituindo (Ea-E_b)na equação (2.5) obtém-se

$$\frac{N_a}{N_b} = \exp(h\upsilon_{ba} / KT) \qquad 2.6$$

em que K é a constante de Boltzmann. Combinando as equações (2.4) e (2.6) obtém-se

$$\frac{A_{ab} + B_{ab}\rho(\upsilon_{ba})}{B_{ba}\rho(\upsilon_{ba})} = \exp(h\upsilon_{ba} / KT)$$

$$\Rightarrow B_{ba}\rho(\upsilon_{ba})\exp(h\upsilon_{ba} / KT) = A_{ab} + B_{ab}\rho(\upsilon_{ba})$$

$$\Rightarrow \{B_{ab}\exp(h\upsilon_{ba} / KT) - B_{ab}\}\rho(\upsilon_{ba}) = A_{ab}$$

$$\Rightarrow \rho(\upsilon_{ba}) = \frac{A_{ab}}{B_{ba}\exp(h\upsilon_{ba} / KT) - B_{ab}} \qquad 2.7$$

Uma expressão alternativa para a densidade de energia por unidade de comprimento de onda λ do intervalo ρ(λ, T) à temperatura, T, é dada pela lei da radiação de Planck como

$$\rho(\lambda, T) = \frac{8\pi hC}{\lambda^5}\frac{1}{\exp(hC / \lambda KT) - 1} \qquad 2.8$$

(da equação (1.5) onde C é a velocidade da luz). Escrevendo, por simplicidade, ρ(λ) = ρ(λ, *T*), *temos* a relação

$$\rho(\upsilon) = \rho(\lambda)\left|\frac{d\lambda}{d\upsilon}\right| \qquad 2.9$$

Sabe-se que

$$\lambda = \frac{C}{\upsilon}$$

$$\Rightarrow \frac{d\lambda}{d\upsilon} = -\frac{C}{\upsilon^2}$$

Substituindo dλ / *dv* na equação (2.9) obtém-se

$$\rho(\upsilon) = \upsilon(\lambda)\frac{C}{\upsilon^2} \qquad 2.10$$

Sabendo que $\upsilon = \upsilon_{ba}$, então $\lambda = \lambda_{ba}$, logo $C = \lambda_{ba}\upsilon_{ba}$ e $\lambda_{ba} = C/\upsilon_{ba}$. Assim, substituindo λ, n e ρ(λ,T) da equação (2.8) na equação (2.10) obtém-se

$$\rho(\upsilon_{ba}) = \frac{8\pi hC}{C^5/\upsilon_{ba}^5}\frac{1}{\exp\left(hC/\frac{C}{\upsilon_{ba}}KT\right)^{-1}}\cdot\frac{C}{\upsilon_{ba}^2}$$

$$= \frac{8\pi hC^2\upsilon_{ba}^5}{C^5\upsilon_{ba}^2}\frac{1}{\exp(h\upsilon_{ba}/KT)-1}$$

$$= \frac{8\pi h\upsilon_{ba}^3}{C^3}\frac{1}{\exp(h\upsilon_{ba}/KT)-1} \qquad 2.11$$

A equação (2.11) é a lei da radiação de Planck. Comparando a equação (2.11) com a equação (2.7), temos

$$B_{ab} = B_{ba} \qquad 2.12$$

e

$$A_{ab} = \frac{8\pi h\upsilon_{ba}^3}{C^3}B_{ab} \qquad 2.13$$

Das equações (2.12) e (2.13), deduz-se que os coeficientes de absorção e de emissão estimulada ou induzida são iguais e que o coeficiente de emissão espontânea difere deles pelo fator $8\pi h\upsilon_{ba}^3/C^3$.

À temperatura, T $= h\upsilon_{ba}$ /Klog2, as probabilidades de emissão espontânea e de emissão induzida são iguais (Pauling e Wilson, 1935).

2.4 DEDUÇÃO DA INTENSIDADE DA ILUMINAÇÃO (OU RADIAÇÃO) DA LEI DA RADIAÇÃO DE PLANCK

Da lei da radiação de Planck representada na equação (2.11), ρ(υ, T) a densidade de energia da radiação por unidade de frequência é dada por

$$\rho(\upsilon,T) = \frac{8\pi h}{C^3}\frac{\upsilon^3}{\exp(h\upsilon/KT)-1} \qquad 2.14$$

A unidade de p(n, T} é Jsm-3.

Mas a intensidade da iluminação, que é análoga à intensidade da radiação electromagnética (com as unidades Wm^{-2} ou Jm s^{-2-1}), é o fluxo luminoso por unidade de área chamado iluminância (Sears. etal, 1981). A unidade de iluminância ou intensidade da iluminação (ou radiação), I(υ,T) é Jm-2s^{-1} .

Sabemos que as unidades de ρ(υ, T) são

$$\frac{Js}{m^3} = \frac{J}{sm^2} \cdot \frac{s^2}{m}$$

$$= \frac{J}{sm^2} \cdot \frac{1}{(ms^{-1})(s^{-1})}$$

Dado que ms^{-1} é a unidade da velocidade da luz, C, enquanto que s^{-1} é a unidade da frequência, υ, e $Jm^{-2}s^{-1}$ é a unidade da intensidade da radiação (ou iluminação), I(υ, t), então, a partir da lei da radiação de Planck

$$\rho(\upsilon, T) = I(\upsilon, T)\frac{1}{C\upsilon} = \frac{8\pi h}{C^3}\frac{\upsilon^3}{\exp(h\upsilon / KT) - 1}$$

$$\Rightarrow I(\upsilon, T) = C\upsilon\rho(\upsilon, T) = \frac{8\pi h}{C^2}\frac{\upsilon^4}{\exp(h\upsilon / KT) - 1} \qquad 2.15$$

Onde T é a temperatura absoluta, C é a velocidade da luz, K é a constante de Boltzmann e h é a constante de Planck.

A equação (2.15) pode ser utilizada utilizando uma única frequência. A razão entre as intensidades I1 e I2, medidas à mesma frequência e a duas temperaturas diferentes T1 e T2, é expressa da seguinte forma

$$\frac{I_1(T_1)}{I_2(T_2)} = \frac{\exp(h\upsilon / KT_2) - 1}{\exp(h\upsilon / KT_1) - 1} \qquad 2.16$$

CAPÍTULO 3

3.1 MONTAGEM E PROCEDIMENTO EXPERIMENTAL

3.1 INTRODUÇÃO

Este capítulo dá uma visão geral da montagem e do procedimento experimental. Os aparelhos utilizados nestas experiências são constituídos por uma lâmpada incandescente disponível no mercado (40 W - 220 V e 60 W - 240 V), um casquilho, dois filtros ópticos (um de comprimento de onda 546 nm e outro de 578 nm), uma fotoresistência, um tubo de cloreto de polivinilo (P.V.C.) pintado de preto no interior, resistência (1,0 KΩ), dois multímetros digitais, um microamperímetro, um termómetro, um medidor LCR, suporte de retorta e pinça, fonte de alimentação de uso geral (0 - 350 V), fonte de alimentação e auto-transformador.

É necessário definir e explicar os seguintes termos antes de prosseguir com a montagem e o procedimento experimental: filtro e fototransístor,

3.2 FILTRO

O filtro é um dispositivo utilizado em muitos domínios de investigação, como a informática, a engenharia, a engenharia acústica, a matemática, a ótica, a tecnologia científica, etc.

É concebido de diferentes formas, utilizando diferentes materiais, de acordo com a sua utilização específica nos vários domínios. Por exemplo, em Engenharia Acústica, chama-se filtro acústico e define-se como um dispositivo utilizado para rejeitar o som numa determinada gama de frequências, passando o som noutra gama de frequências. Em eletricidade, chama-se filtro elétrico e define-se como qualquer rede de transmissão utilizada em sistemas eléctricos para o melhoramento seletivo de uma determinada classe de sinais de entrada.

No domínio da ótica, é designado por filtro ótico e definido como um elemento ótico que absorve a radiação electromagnética incidente nos espectros visível, ultravioleta ou infravermelho, constituído por um painel de vidro ou outros materiais parcialmente transparentes.

A absorção pode ser selectiva ou não selectiva em função do comprimento de onda (McGraw Hill, 1997).

É a capacidade selectiva deste filtro ótico para absorver seletivamente a luz de uma determinada frequência que o torna útil neste trabalho experimental.

3.3 FOTOTRANSISTOR.

Trata-se de um dispositivo semicondutor com caraterísticas eléctricas sensíveis à luz. Quando é iluminado, a fotocorrente gerada é proporcional à intensidade ou quantidade de luz que incide sobre o fototransístor. É utilizado para detetar a presença de luz e para medir a intensidade da luz (Mc-Graw Hill, 1997).

Foi com base na capacidade selectiva do fototransistor para absorver a luz que se considerou útil, neste trabalho experimental, medir a fotocorrente gerada pela luz da lâmpada que incide sobre ele.

3.4 CONFIGURAÇÃO EXPERIMENTAL

A montagem experimental e o circuito elétrico são apresentados na Figura 3.1 e o esquema do aparelho é apresentado na Figura 3.2.

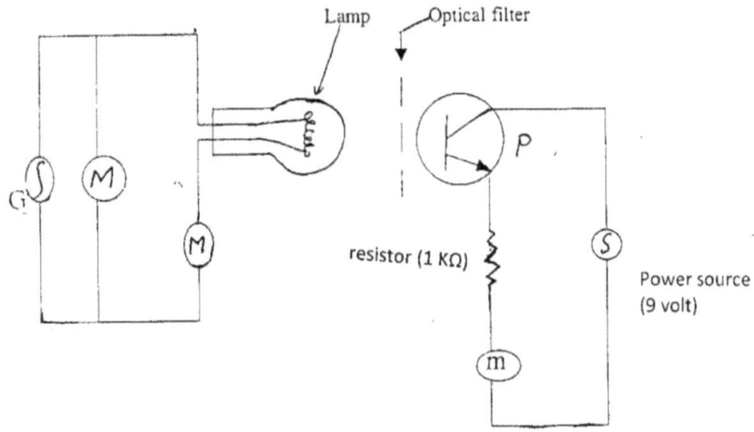

G alimentação de uso geral (0 - 350 V)

m microamperímetro

P fototransistor

Multímetro

Figura 3.1 Instalação experimental

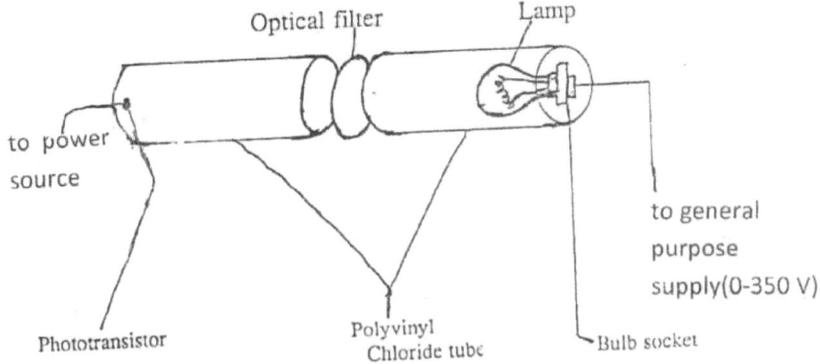

Figura 3.2 Esquema do aparelho

3.5 PROCEDIMENTO

As lâmpadas incandescentes disponíveis no mercado (40 W - 220 V e 60 W - 240 V) são utilizadas como fontes de radiação de corpo negro. São utilizados dois filtros ópticos monocromáticos, cada um selecionando uma frequência na gama do visível (5,1903 X 10^{14} S^{-1} e 5,4945 X 10^{14} S^{-1}). Estes filtros ópticos são interpostos sucessivamente, de modo a que o fototransistor seja irradiado essencialmente por uma frequência "fixa" u, respetivamente.

Para as variações de tensão, é utilizada uma instalação eléctrica simples que inclui um autotransformador. À medida que a tensão CA é aumentada, a resistência R e a temperatura T do filamento também aumentam. A temperatura inicial To e a resistência inicial Ro são medidas de cada vez que a experiência é realizada utilizando um termómetro e um medidor LCR, respetivamente. Ro é a resistência do filamento medida à temperatura ambiente T_o

Outra grandeza a medir é a intensidade luminosa emitida pelas lâmpadas incandescentes. No primeiro aspeto das experiências (em que o trabalho foi efectuado na sala escura), a sala do laboratório foi escurecida. No segundo aspeto, em vez de escurecer a sala do laboratório, utilizou-se um tubo de policloreto de vinilo (PVC) enegrecido (pintado com tinta preta) no interior para instalar a lâmpada e o detetor de intensidade (ou fototransístor), de modo a evitar qualquer outra fonte de radiação (ou seja, qualquer luz difusa na sala). Como se mostra na figura 3.2, fixa-se um casquilho de lâmpada numa das extremidades e filtros ópticos na outra com a ajuda de uma pinça. Em seguida, fixa-se um tubo semelhante ao anterior, na extremidade do qual se fixa um fototransistor com a ajuda de um suporte de retorta e de uma pinça.

A intensidade de luz resultante que atinge o fototransístor gera uma fotocorrente que é medida com um microamperímetro como uma queda de tensão através da resistência (1KΩ).

Foi aplicada uma tensão de polarização adequada ou uma tensão de polarização de 9 V ao fototransístor para assegurar diferentes intensidades de um dado par de potências de iluminação. A tensão CC aplicada depende da caraterística V - I do fototransistor utilizado. As sequências de medições da fotocorrente são então repetidas para uma segunda regulação da tensão da lâmpada que, por sua vez, resulta numa outra temperatura do filamento.

Foram utilizados multímetros digitais para medir a tensão e a corrente do filamento da lâmpada, ao passo que a intensidade da luz emitida foi determinada com um fototransistor a uma frequência fixa υ.

CAPÍTULO 4

4.1 DADOS, ANÁLISE DE DADOS E RESULTADOS

4.2 INTRODUÇÃO

Este capítulo tem a ver com a análise dos dados recolhidos e registados na câmara escura do laboratório de Física IV, Departamento de Física, Escola de Ciências Puras e Aplicadas, Universidade Federal de Tecnologia, Yola. O método utilizado na análise dos dados é a reta de regressão. A lei de potência, bem como a equação (2.16), também são consideradas neste capítulo.

4.3 RELAÇÃO DE LEI DE POTÊNCIA ENTRE A TEMPERATURA, T, E A RESISTÊNCIA, R.

É útil utilizar uma relação entre R e T para evitar medições diretas da temperatura do filamento. Esta relação é obtida empiricamente. Assim, as medições da tensão V e da corrente I da lâmpada obtida são utilizadas para calcular a resistência do filamento, R, e a potência, P, dissipada.

Ou seja, para um corpo negro, a potência emitida, P, é dada pela lei de Stefan da seguinte forma;

$$P = A\sigma T^4 \qquad 4.1$$

Onde, σ, é a constante de Stefan e A é a área do emissor (ou seja, o filamento). Assumindo uma lei de potência $T \propto R^\gamma$, a dissipação de potência P pode ser escrita como

$$P = I^2 R = A\sigma T^4 = CR^{4\gamma} \qquad 4.2$$

Onde C = Aσ = constante. Aplicando o logaritmo natural em ambos os lados da equação (4.2), temos

$$\ln P = \ln C + 4\gamma \ln R \qquad 4.3$$

A equação (4.4) abaixo também é utilizada para obter a resistência R e a potência P da lâmpada, uma vez que é utilizado um corpo negro.

$$R = V/I; \quad P = I^2R \qquad 4.4$$

Então a relação empírica R - T é dada por

$$T = \left(\frac{R}{R_0}\right)^\gamma T_0 \qquad 4.5$$

em que R0 é a resistência do filamento da lâmpada à temperatura ambiente T_0 e γ é a potência obtida a partir do gráfico de ln P contra ln R (utilizando a equação (4.3)) (Brizuela e Juan, 1996).

4.3 FÓRMULA APROXIMADA

A equação (2.16) dá

$$\frac{I_1(T_1)}{I_2(T_2)} = \frac{\exp(h\upsilon / KT_2) - 1}{\exp(h\upsilon / KT_1) - 1} \qquad 4.6$$

Quandoenhv})KT, então exp(hv/KT) "1,de modo que a equação (2.16) pode agora ser expressa da seguinte forma:

$$\frac{I_1(T_1)}{I_2(T_2)} = \frac{\exp(h\nu / KT_2)}{\exp(h\nu / KT_1)} \qquad 4.7$$

$$\Rightarrow \frac{I_1(T_1)}{I_2(T_2)} = \exp\left(T_2^{-1} - T_1^{-1}\right)\frac{h\nu}{K} \qquad 4.8$$

Aplicando o logaritmo natural a ambos os lados da equação (4.8) obtém-se

$$\ln\left(\frac{I_1}{I_2}\right) = \frac{h\nu}{K}\left(T_2^{-1} - T_1^{-1}\right) \qquad 4.9$$

Sendoυ = - (*deC* = λυ), C = 3 X 108m/s e K = 1,381 x 10-23JK^{-1}

A simplificação da equação (4.8) dá diretamente

$$I_1(T_1)\exp\left(\frac{\upsilon}{KT_1}\right)h - I_2(T_2)\exp\left(\frac{\upsilon}{KT_2}\right)h + \{I_2(T_2) - I_1(T_1)\} = 0 \qquad 4.10$$

Se se assumir que a fotocorrente é proporcional à intensidade da radiação (Brizuela e Juan, 1996), então a equação (4.7) passa a ser

$$\ln\left(\frac{I_1(T_1)}{I_2(T_2)}\right) = \frac{h\nu}{K}\left(T_2^{-1} - T_1^{-1}\right) \qquad 4.11$$

Toma-se como referência a primeira temperatura T_1 e a fotocorrente I_1 correspondente. Em seguida, ln (I_1 /I_2) é traçado contra$\left(T_2^{-1} - T_1^{-1}\right)$ e é utilizada uma regressão linear dos dados para determinar a constante de Planck h, a partir do declive.

4.4 LINHA DE REGRESSÃO.

Trata-se de uma linha específica ao longo da qual todos os pontos se situam ou estão próximos dela. É também designada por linha dos mínimos quadrados ou linha de melhor ajuste (Adegun, 1992). O conceito baseia-se no gradiente de uma linha reta da seguinte forma:

$$y = a + bx \qquad 4.12$$

Onde

$$a = \bar{y} - b\bar{x} \qquad 4.13$$

é a interceção no eixo dos y - e

$$b = \frac{n\sum xy - \sum x \sum y}{n\sum x^2 - (\sum x)^2} \qquad 4.14$$

(em que n é o número de valores) é o declive da reta e

$$\bar{y} = \sum y; \quad \bar{x} = \sum x \qquad 4.15$$

4.5 DADOS, CÁLCULOS E RESULTADOS

4.5.1 EXPERIÊNCIA EFECTUADA NO QUARTO ESCURO

Neste caso, é utilizada uma lâmpada incandescente disponível no mercado (60 W - 220 V) como fonte de radiação de corpo negro. É utilizado um filtro ótico monocromático com um comprimento de onda de 546 nm e uma frequência na gama do visível (5,4945E 14 s^{-1}).

Utilizando as Equações (4.4) e (4.5), os dados experimentais e a resistência, potência e temperatura calculadas são apresentados na Tabela 4.1. A potência empírica y foi determinada a partir de um ajuste de regressão linear ao gráfico logarítmico P - R, como se mostra na Figura 4.1, cujo declive é igual a 4γ, utilizando a Equação (4.3).

Tabela 4.1. Dados experimentais, resistência calculada, potência e temperatura.

(λ = 546 nm; $T_0 = 36^0$ C= 309 K; R_0 = 74.6 Ω) R = V/I; P = I^2R							
V/ volt(V)	**I/A**	**R/Ω**	**P/W**	**lnR**	**lnP**	**T/K**	**I_p/mA**
110	0.170	647.0588	18.7000	6.4724	2.9285	1572.3450	0.01
120	0.183	655.7377	21.9600	6.4858	3.0892	1588.3009	0.02

140	0.195	717.9487	27.3000	6.5764	3.3069	1701.2269	0.03
160	0.200	800.0000	32.0000	6.6846	3.4657	1846.6146	0.04
190	0.225	844.4444	42.7500	6.7387	3.7554	1923.8456	0.08
210	0.238	882.3529	49.9800	6.7826	3.9116	1988.9433	0.15
230	0.250	920.0000	57.5000	6.8244	4.0518	2052.9250	0.24
250	0.260	961.5385	65.0000	6.8685	4.1744	2122.7889	0.38
270	0.269	1003.7175	72.6300	6.9115	4.2854	2192.9860	0.53
290	0.280	1035.7143	81.2000	6.9428	4.3969	2245.7609	0.76
300	0.286	1048.9510	85.8000	6.9555	4.4520	2267.4773	0.99

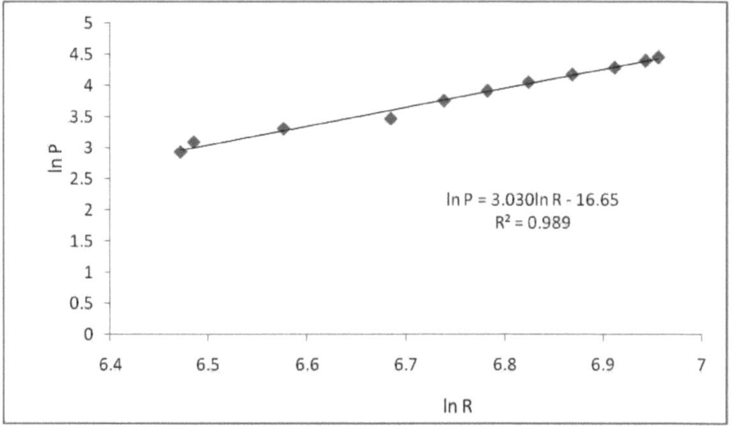

Fig. 4.1. Gráfico de In P (potência total) contra In R; γ =0,7578

A constante de Planck h pode ser obtida com qualquer par de temperaturas e o par de fotocorrentes associado, aplicando a Equação (4.6). No entanto, a primeira temperatura T_1 = 1572,345 K e a fotocorrente correspondente I_1 = 0,01 mA podem ser tomadas como temperatura e fotocorrente de referência, respetivamente, como se indica na Tabela 4.2.

Em seguida, a quantidade In (I /I_{12}) foi representada em função da quantidade (1/T_2 - 1/T_1), como mostra a Figur. 4.2. Utilizando a Eqn. 30, h foi então determinado a partir de um ajuste de regressão linear ao gráfico ln (I /I_{12}) - (1/T_2 - 1/T_1), cujo declive é igual a hn/K (= hC/Kλ).

Tabela 4.2 Dados da temperatura de referência T1 **= 1572,345 K e da correspondente fotocorrente de referência I_1 = 0,01 mA, para os quais são**

calculados o rácio de I1 em relação a outras fotocorrentes I_2 e a diferença entre estas e outras temperaturas inversas.

I_2/mA	I_1/I_2	T_2/K	T_2^{-1}/K^{-1}	ln(I_1/I_2)	$\left(T_2^{-1} - T_1^{-1}\right)/K^{-1}$
0.02	0.5000	1588.3009	6.2960E-04	-0.6931	-6.3864E-06
0.03	0.3333	1701.2269	5.8781E-04	-1.0987	-4.8199E-05
0.04	0.2500	1846.6146	5.4153E-04	-1.3863	-9.4458E-05
0.08	0.1250	1923.8456	5.1979E-04	-2.0794	-1.1620 E-04
0.15	0.0667	1988.9433	5.0278E-04	-2.7076	-1.3321E-04
0.24	0.0417	2052.9250	4.8711E-04	-3.1773	-1.4888E-04
0.38	0.0263	2122.7889	4.7108E-04	-3.6382	-1.6491E-04
0.53	0.0189	2192.9860	4.5600E-04	-3.9686	-1.7999E-04
0.76	0.0132	2245.7609	4.4528E-04	-4.3275	-1.9071E-04
0.99	0.0101	2267.4773	4.4102E-04	-4.5952	-1.9497E-04

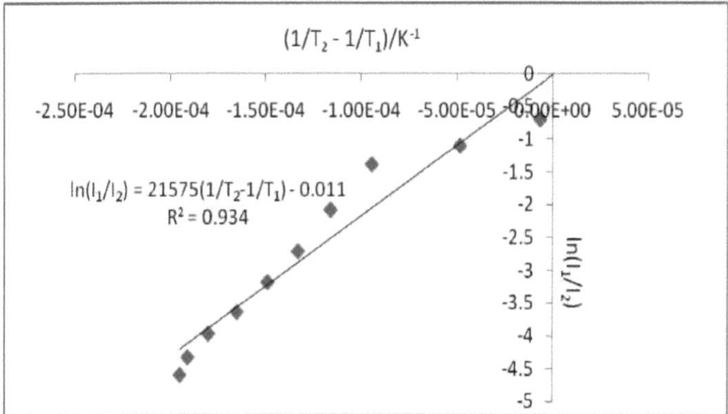

Figura 4.2 Gráfico de In (I1/I_2) em função de (1/T2 - 1/T)$_1$

A constante de Planck h, assim obtida a partir do declive da Figura 4.2, utilizando a Equação (4.11), é 5,1227 E-34 Js, com um erro padrão do coeficiente de 2,0 E-35 Js. Qualquer outra temperatura tomada como referência produzirá um valor semelhante para h no intervalo (5,1 - 6,0) E-34 Js. A uma temperatura elevada ($1/T_2$ - $1/T_1$), os pontos traçados variam em relação à linearidade porque aparece uma fotocorrente de saturação no fototransistor a uma temperatura mais elevada do filamento.

4.5.2 EXPERIÊNCIA EFECTUADA COM TUBO DE POLICLORETO DE VINILO (PVC)

Neste caso, em vez de escurecer a sala do laboratório, foi utilizado um tubo de policloreto de vinilo (PVC) enegrecido (pintado com tinta preta) no interior para instalar a lâmpada e o detetor de intensidade (ou fototransistor), a fim de evitar qualquer outra fonte de radiação (ou seja, qualquer luz difusa na sala).

Neste caso, são utilizadas lâmpadas incandescentes disponíveis no mercado (40 W - 220 V) como fontes de radiação de corpo negro. Um filtro ótico monocromático com um comprimento de onda de 578 nm e uma frequência na gama do visível (5,4945E 14 s^{-1}).

Os dados experimentais típicos e a resistência, potência e temperatura calculadas utilizando as Equações (4.4) e (4.5) estão resumidos na Tabela 4.3. A potência empírica foi determinada a partir de um ajuste de regressão linear ao gráfico logarítmico P - R, como se mostra na Figura 4.3, cujo declive é igual a 4, utilizando a Equação (4.3).

Tabela 4.3 Dados experimentais e resistência, potência e temperatura calculadas.

(λ = 578 nm; $T_0 = 34^0$ C= 307 K; R_0 = 119 Ω) R = V/I; $P = I^2R$							
V/ volt(V)	I/A	R/Ω	P/W	lnR	lnP	T/K	I_p/mA
144	0.1273	1131.1862	18.3312	7.0310	2.9086	1869.7238	2
187	0.1460	1280.8219	27.3020	7.1553	3.3070	2065.6906	6
207	0.1537	1346.7794	31.8159	7.2055	3.4600	2150.6097	10
229	0.1621	1412.7082	37.1209	7.2533	3.6142	2234.6738	16
239	0.1664	1436.2981	39.7696	7.2698	3.6831	2264.5629	20
255	0.1714	1487.7480	43.7070	7.3050	3.7775	2329.4177	26
263	0.1744	1508.0275	45.8672	7.3186	3.8258	2354.8584	30
273	0.1780	1533.7079	48.5940	7.3354	3.8835	2386.9778	36
280	0.1804	1552.1064	50.5120	7.3474	3.9222	2409.9241	40
290	0.1836	1579.5207	53.2440	7.3649	3.9749	2444.0153	46
295.5	0.1855	1593.3355	54.8034	7.3736	4.0038	2461.1503	50
304	0.1884	1613.5881	57.2736	7.3862	4.0478	2486.2175	56
310	0.1903	1629.0068	58.9930	7.3957	4.0774	2505.2599	60
330	0.1970	1675.1269	65.0100	7.4236	4.1745	2562.0083	78

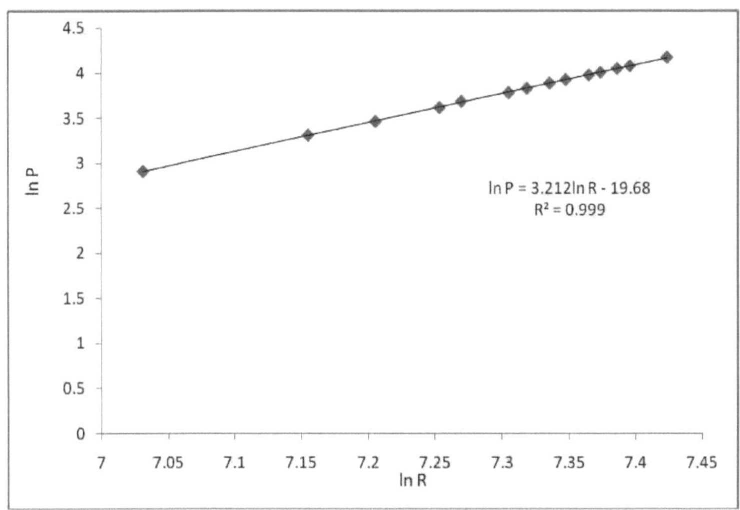

Fig. 4.3 Gráfico de ln P (potência total) contra ln R; =0,803.

A constante de Planck pode ser obtida com qualquer par de temperaturas e o par de fotocorrentes associado, aplicando a Equação (4.6). No entanto, neste caso, a primeira temperatura T_1 = 1869,7238 K e a fotocorrente correspondente I_p = 2 pA podem ser tomadas como temperatura e fotocorrente de referência, respetivamente, como se indica na Tabela 4.4. Em seguida, a quantidade In (I /I_{12}) foi representada num gráfico em função da quantidade (1/T_2 - 1/T_1), como mostra a figura 4.4. Utilizando a Equação (4.9), a constante de Planck h foi então determinada a partir de uma regressão linear do gráfico In (I /I_{12}) - (1/T_2 - 1/T_1), cujo declive é igual a hn/K (= hC/Kλ).

Quadro 4.4 Dados da temperatura de referência T_1 = 1869,7238 K e da correspondente fotocorrente de referência I1 = 2 μA para a qual se calcula o rácio entre I_1 e outras fotocorrentes I_2 e a diferença entre T_1^{-1} e outras temperaturas inversas T_2^{-1}

I_2/mA	I_1/ I_2	T_2/K	T_2^{-1}/K^{-1}	ln(I_1/ I_2)	$(T_2^{-1} - T_1^{-1})/K^{-1}$
6	0.3333	2065.6906	4.841E-04	-1.0987	-5.0740E-05
10	0.2000	2150.6097	4.6498E-04	-1.6094	-6.9856E-05
16	0.1250	2234.6738	4.4749E-04	-2.0794	-8.7347E-05

20	0.1000	2264.5629	4.4159E-04	-2.3026	-9.3254E-05
26	0.0769	2329.4177	4.2929E-04	-2.5652	-1.0555E-04
30	0.0667	2354.8584	4.2465E-04	-2.7076	-1.1019E-04
36	0.0556	2386.9778	4.1894E-04	-2.8896	-1.1590E-04
40	0.0500	2409.9241	4.1495E-04	-2.9957	-1.1989E-04
46	0.0435	2444.0153	4.0916E-04	-3.1350	-1.2568E-04
50	0.0400	2461.1503	4.0631E-04	-3.2189	-1.2853E-04
56	0.0357	2486.2175	4.0222E-04	-3.3326	-1.3262E-04
60	0.0333	2505.2599	3.9916E-04	-3.4022	-1.3568E-04
78	0.0256	2562.0083	3.9032E-04	-3.6652	-1.4452E-04

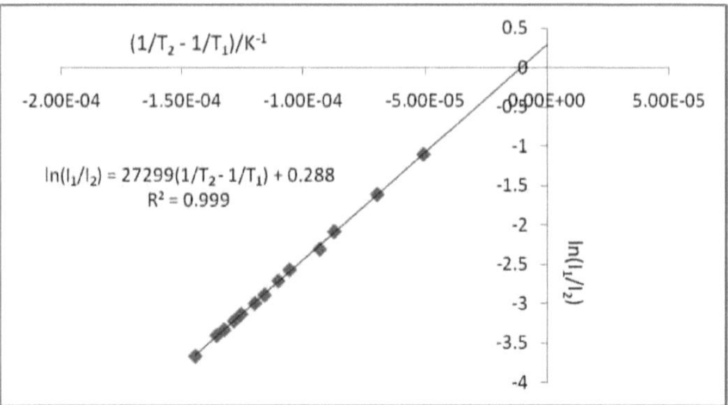

Fig. 4.4 Gráfico de In (I/I_{12}) contra (I/T_2 - $1/T$)$_1$

A constante de Planck h obtida a partir do declive na Figura 4.4 utilizando a Equação (4.11) é 7,2635E-34 Js com um erro padrão do coeficiente de 2,8E-35 Js. Qualquer outra temperatura tomada como referência produzirá um valor semelhante para h no intervalo (6,0 - 7,3) E-34 Js. A uma temperatura elevada ($1/T_2$ - $1/T_1$), os pontos traçados variam em relação à linearidade porque aparece uma fotocorrente de saturação no fototransístor a uma temperatura mais elevada do filamento.

CAPÍTULO 5

5.0 DISCUSSÃO, CONCLUSÃO E RECOMENDAÇÕES

5.1 DISCUSSÃO

A constante de Planck, h, pode ser obtida com qualquer par de temperaturas e o correspondente par de fotocorrentes, aplicando a equação (4.6). Uma forma alternativa consiste em tomar como referência a primeira temperatura T_1 e a fotocorrente correspondente I_1 e, em seguida, representar $\ln(I_1 / I_2)$ em função de $\left(T_2^{-1} - T_1^{-1}\right)$. Considerou-se o caso alternativo e utilizou-se um ajuste de regressão linear aos dados para determinar a constante de Planck h como sendo 5,1227 E-34 Js com um erro-padrão do coeficiente de 2,0 E-35 Js e 7,2635E-34 Js com um erro-padrão do coeficiente de 2,8E-35 Js para o primeiro caso em que a sala foi escurecida e o segundo caso em que foi utilizado um tubo de cloreto de polivinilo (PVC), respetivamente.

Foi confirmado na causa do estudo que qualquer outra temperatura e a sua fotocorrente correspondente, tomada como referência, produz resultados semelhantes.

Os valores obtidos para a constante de Planck nos dois casos estão mais próximos do valor requerido, 6,626 x 10-34 Js, do que o obtido anteriormente, com uma diferença percentual de 29%. Assim, verifica-se uma melhoria nos resultados obtidos neste estudo.

Algumas das fontes de discrepância são as correcções de perda por convecção ignoradas para lâmpadas com enchimento de vidro, alguma energia térmica que aquece o próprio vidro e o facto de um filamento de luz não ser um corpo negro perfeito. Em $\left(T_2^{-1} - T_1^{-1}\right)$ pontos plotados variam da linearidade porque uma fotocorrente de saturação aparece no fototransistor em temperaturas mais altas do filamento. A distância entre o filamento e o fototransistor também pode afetar os resultados.

Os filtros ópticos, apesar de não serem tão bons, foram utilizados neste trabalho porque não havia outros disponíveis que fossem suficientemente sensíveis à luz. O tubo de cloreto de polivinilo enegrecido no interior foi utilizado para guiar a luz da lâmpada para o fototransístor, impedindo assim que a luz difusa na sala atingisse o fototransístor. Qualquer objeto com a mesma forma e propriedades isolantes do utilizado pode ser preferido; exemplos: tubo de cartão, tubo de aerossol, etc.

5.2 CONCLUSÃO

Os valores obtidos para a constante de Planck h são 5,1227E-34 Js e 7,2635E-34 Js para a experiência efectuada na câmara escura e para a experiência efectuada com o tubo de cloreto de polivinilo (PVC), respetivamente. Estes valores estão razoavelmente próximos do valor aceite de 6,626 x 10-34 Js, com uma precisão de 13% e 6% para o caso da câmara escura e do tubo de policloreto de vinilo (PVC), respetivamente. Por conseguinte, verifica-se uma melhoria nos resultados obtidos neste estudo. Algumas das fontes de discrepância são as correcções de perda por convecção ignoradas para lâmpadas com enchimento de vidro, alguma energia térmica que aquece o próprio vidro e o facto de um filamento de luz não ser um corpo negro perfeito.

5.3 RECOMENDAÇÕES

Verificou-se que podem ser obtidos melhores resultados se for empregue um melhor método numérico de análise. Evitando a aproximação feita na equação (4.6) e utilizando a equação (4.10) tal como está, pode ser empregue um melhor método numérico de análise para obter melhores resultados.

Além disso, se forem utilizados filtros ópticos suficientemente sensíveis à luz, qualquer pessoa interessada neste trabalho de investigação poderá obter melhores resultados. É necessário mais trabalho para descobrir se a análise utilizada neste estudo é adequada para obter melhores resultados ou não.

Pode também ser necessário descobrir o efeito da distância entre a lâmpada e o fototransístor na sensibilidade do fototransístor à luz e o valor resultante da constante de Planck h. Limitar-se a valores baixos $\left(T_2^{-1} - T_1^{-1}\right)$ pode levar a melhores resultados.

O procedimento apresentado neste estudo será suficientemente adequado para ser reproduzido no laboratório do Departamento de Física se forem tomadas precauções adequadas para reduzir as fontes de discrepância acima referidas.

REFERÊNCIAS

Adegun, T. (1992): Further Mathematics Project Two, P. N. S. Education Publishing

Ltd, Ibadan - Nigéria.

Bransden, B. H. e Joachain, C. J. (2000): Mecânica Quântica, 2nd edição, Pearson education Ltd., Inglaterra.

Brizuela, G. e Juan, A. (1996): Planck's Constant determination using a light bulb, American Journal of Physics, Vol. 64, No. 6, pp. 819-821.

Crandall, R. E. e Delord, J. F. (1983): Minimal apparatus for determination of Planck's constant, American Journal of Physics, Vol, 51, pp. 90-91.

Dryzek, J. e Ruebenbauer, K. (1991): Planck's constant determination from black- body radiation, American Journal of Physics, Vol. 60, pp. 251-253. Holman, J. P. (1988): Thermodynamics, 4th edition, Mc-Graw - Hill Inc., U. S. A.

Jewett, J. W. e Serway, R. A. (2005): Physics for Scientists and Engineers with Modern Physics, 7th Edition, Brooks/Cole Cengage Learning, México, Estados Unidos.

Kittle, C. e Kroemer, H. (1980): Thermal Physics, 2nd edition, W. H. Freeman, New York.

Mc-Graw, H. (1997): Encyclopedia of Science and Technology, 8th edition, (vol. 4), Mc-Graw - Hill Inc., U. S. A.

Mc-Graw, H. (1997): Encyclopedia of Science and Technology, 8th edition, (vol. 13), Mc-Graw - Hill Inc., U. S. A.

Parker, S. P. (1984): Dicionário de Ciência e Engenharia, Mc-Graw - Hill Inc. U. S. A.

Pauling, L. e Wilson, E. B. (1935): Introduction to Quantum Mechanics, International student edition Mc-Graw - Hill International Book Company Inc., Tóquio, Japão. Tóquio, Japão.

Sears, F. W., Young, H. D. e Zemansky, M. W. (1981): University Physics, 5th edição, Addison - Wesley Publishing Company, Londres.

Tannoudji, G. C. (1991): Constante universal em Física, Hachette, Paris, França.

Tillery, B. W. (1991): Physical Science, W. M. C. Brown Publishers, EUA.

Tyler, F. (1977): A Laboratory Manual of Physics, 5th edição, Hodder and Stoughton, Grã-Bretanha.

Young, H. D. , Freeman, R. A. e Ford, A. L.(2010): Sears and Zemansky's University Physics, 13th edition, Addison - Wesley Publishing Company, London.

Ziman, J. (1991): Reliable Knowledge: An exploration of the grounds for belief in science, Billings and Sons Ltd., Grã-Bretanha.

Printed by Books on Demand GmbH, Norderstedt / Germany